EL TONTO TRINEO DE RISAS DE PAPÁ NOEL

investigación de bromas: Adoli John Joseph
Diseño: InkHouse
Iconos hechos por: Dibujos personales

Producido por: linguistaPress.

ISBN: 979-8-3008-0865-5
Publicado: noviembre de 2024

ESTE LIBRO
PERTENECE A:

_____

EL TONTO TRINEO DE RISAS DE PAPÁ NOEL

¡Chistes para que cada niño de 8 años se ría, sonría y ho-ho-ho durante toda la temporada!

MARTHA KAIR

Introducción

¿Qué te hace estallar en carcajadas?

Una vez vi a un perro andando en patineta, corriendo por la calle como un profesional. ¡Me hizo reír durante días!

Y luego está mi hermano. Una vez perdió su bota en un charco de barro y terminó saltando a casa como un pirata con una sola pierna. ¡Todavía me hace reír sólo de pensarlo!

Ah, y aquí tienes un secreto: mi amiga me contó un chiste tan divertido que me reí hasta llorar. Ese chiste está escondido en algún lugar de este libro... ¿Crees que podrás encontrarlo?

Este no es un libro de chistes cualquiera: ¡es un cofre del tesoro lleno de risas! En el interior, encontrarás el tipo de chistes que hacen que los adultos revelen si son secretamente geniales o simplemente... un poco sin vida.

Aún mejor, ¡estos chistes son perfectos para hacer reír, jadear y tal vez incluso resoplar a tus amigos! Créame, los he probado todos.

PD ¿Tienes un chiste que sea aún más asombroso? Compártelo en el Awesome Space al final de este libro: ¡tu obra maestra merece ser destacada!

¿POR QUÉ PAPÁ NOEL LLEVÓ UN MAPA AL POLO NORTE?

¡Porque los renos se negaron a pedir direcciones!

El tonto trineo de risas de Papá Noel 3

¿CUÁL ES EL TIPO DE MÚSICA FAVORITO DE SANTA?

¡Envuelve música!

¿POR QUÉ LOS ELFOS NUNCA DISCUTEN?

Siempre mantienen la calma,
¡heladas!

El tonto trineo de risas de Papá Noel

¿CÓMO SE DESPLAZA UN MUÑECO DE NIEVE POR LA CIUDAD?

¡Montando un "carámbano"!

El tonto trineo de risas de Papá Noel

¿CUÁL ES LA MATERIA DE CLASE FAVORITA DE UN ELFO?

El "duende-abet"!

¿POR QUÉ EL ÁRBOL DE NAVIDAD FUE A LA ESCUELA?

¡Quería mejorar sus conocimientos!

¿CÓMO LLAMAS A SANTA CUANDO PIERDE LOS PANTALONES?

¡San sin bragas!

¿POR QUÉ LOS RENOS SIEMPRE VUELAN TAN ALTO?

¡Porque ellos trinean los cielos!

¿QUÉ LES DIJO EL HOMBRE DE JENGIBRE A SUS AMIGOS?

"¡Deja de holgazanear y entra en el espíritu navideño!"

¿POR QUÉ EL MUÑECO DE NIEVE NO FUE A LA FIESTA?

¡No quería derretirse bajo presión!

¿CUÁL ES EL DEPORTE
FAVORITO DE SANTA?

¡Buceo en chimeneas!

¿POR QUÉ LOS ADORNOS SE METIERON EN PROBLEMAS?

¡Ellos seguían pasando el rato en lugares malos!

¿CUÁL ES EL ADEREZO DE PIZZA FAVORITO DEL ELFO?

Jingle-bell peppers!

WHY DON'T CHRISTMAS TREES EVER GOSSIP?

They don't want to drop needles!

El tonto trineo de risas de Papá Noel

¿CÓMO SE LLAMA UN RENO QUE CUENTA CHISTES?

¡Un cometa-dian de pie!

El tonto trineo de risas de Papá Noel

¿CÓMO PAGÓ SANTA POR LAS REPARACIONES DE SU TRINEO?

¡Con dinero contante y sonante!

¿QUÉ LE DIJO LA SEÑORA CLAUS A SANTA DESPUÉS DE NAVIDAD?

"¡Me llevas en trineo todos los años!"

¿POR QUÉ EL REGALO DE NAVIDAD CANTABA TAN BIEN?

¡Tenía un envoltorio de regalo perfecto!

¿POR QUÉ EL PAVO NO JUGÓ AL ESCONDITE?

¡No quería que lo rellenaran!

¿CÓMO SE LLAMA A UN GATO EN NOCHEBUENA?

¡Garras de Papá Noel!

¿POR QUÉ EL BASTÓN DE CARAMELO FUE A LA ESCUELA?

¡Para ser un poco más inteligente y fresco!

El tonto trineo de risas de Papá Noel²³

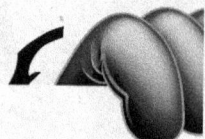

¿QUÉ USAN LOS ELFOS PARA LIMPIAR SUS TALLERES?

¡Santa-tizer!

¿POR QUÉ LOS OSOS POLARES NO USAN TELÉFONOS MÓVILES?

¡Prefieren las llamadas en frío!

¿POR QUÉ ESTABA TAN ESTRESADA LA BOLA DE NIEVE?

¡Se sentía como si el mundo temblara debajo de él!

¿QUÉ DIJO EL RENO CUANDO YA ERA TARDE PARA PRACTICAR?

"¡Lo siento, me quedé atrapado en un atasco de trineos!"

BROMA 1:

BROMA 2:

El tonto trineo de risas de Papá Noel

BROMA 3:

BROMA 4:

El tonto trineo de risas de Papá Noel

BROMA 5:

BROMA 6:

BROMA 7:

BROMA 8:

El tonto trineo de risas de Papá Noel

BROMA 9:

BROMA 10:

El tonto trineo de risas de Papá Noel

BROMA 11:

BROMA 12:

El tonto trineo de risas de Papá Noel

BROMA 13:

¿POR QUÉ LA GENTE YA NO BUCEA EN EL BARRO CON BOTAS DE AGUA?

¡Porque cada vez que lo hacen, el barro se queda con la custodia exclusiva!

El fin

Merry Christmas

www.ingramcontent.com/pod-product-compliance
Lightning Source LLC
Chambersburg PA
CBHW070139230526
45472CB00004B/1596